• 熊孩子的财商启蒙书 •

小熊会赚钱

刘鹤 ◎ 编著

禹尧文化 ◎ 绘

吉林科学技术出版社

小熊会赚钱

图书在版编目（ＣＩＰ）数据

小熊会赚钱 / 刘鹤编著 . -- 长春 ：吉林科学技术
出版社 ，2022.3
（熊孩子的财商启蒙书）
ISBN 978-7-5578-9141-1

Ⅰ．①小… Ⅱ．①刘… Ⅲ．①财务管理－儿童读物
Ⅳ．① TS976.15-49

中国版本图书馆 CIP 数据核字 (2021) 第 260529 号

熊孩子的财商启蒙书 小熊会赚钱
XIONGHAIZI DE CAISHANG QIMENG SHU XIAOXIONG HUI ZHUAN QIAN

编　著	刘鹤	
绘　者	禹尧文化	
出版人	宛霞	
责任编辑	吕东伦	
助理编辑	樊莹莹	
书籍装帧	吉林省禹尧文化传媒有限公司	
封面设计	吉林省禹尧文化传媒有限公司	
幅面尺寸	210 mm×280 mm	
开　本	16	
字　数	20 千字	
页　数	32	
印　张	2	
印　数	1-6000 册	
版　次	2022 年 3 月第 1 版	
印　次	2022 年 3 月第 1 次印刷	

出　版　吉林科学技术出版社
发　行　吉林科学技术出版社
地　址　长春市福祉大路 5788 号出版集团
邮　编　130118
发行部电话 / 传真　0431-81629529　81629530　81629531
　　　　　　　　　　　81629532　81629533　81629534
储运部电话　0431-86059116
编辑部电话　0431-81629516
印　刷　吉广控股有限公司

书　号　ISBN 978-7-5578-9141-1
定　价　40.00 元

这是小熊**贝尔**。

这是
贝尔的**妈妈**。

这是
贝尔的**爸爸**。

这是棕熊校长。

这是黑猫警官。

这是黄熊农场主。

他们有**蜂蜜**。他们幸福地生活在**小熊村**。

小熊贝尔就要长大了，即将独自生活。

他需要几本书。

他需要几袋粮食。

他需要几件**衣服**。

他需要一座**房子**。

3

贝尔：我要赚钱买东西！

在小熊村，蜂蜜就是"钱"。

贝尔问爸爸：该如何获得蜂蜜呢？

爸爸说：**努力**做事就会得到蜂蜜呀！

招聘
小熊学
校招聘一名
音乐老师。

于是，贝尔开始找事儿做。
贝尔来到小熊学校，
这里需要一名音乐老师。

小熊贝尔、小黄鹂丽丽、小青蛙瓜瓜
一起站在了棕熊校长面前。
棕熊校长问：你们会**唱歌**吗？
大家点点头。

小熊贝尔唱了一首歌儿。

棕熊校长摇摇头。

小青蛙瓜瓜唱了一首歌儿。

棕熊校长捂耳朵。

小黄鹂丽丽唱了一首歌儿。

棕熊校长乐呵呵。

小黄鹂丽丽留在了小熊学校，

成为一名音乐老师。

于是，贝尔继续找事儿做。
贝尔来到警察局，
这里需要一名特警。

小熊贝尔、
小兔子白白和小狗汪汪
一起站在了黑猫警官面前。

黑猫警长问：你们会抓小偷吗？
大家全都点点头。

小熊贝尔抓到了 1 个小偷，

用了整整一天的时间。

小兔子白白被小偷吓得病倒了。

小狗汪汪一天抓住了 5 个小偷。

小狗汪汪留在了警察局，

成为一名特警。

于是，贝尔继续找事儿做。

贝尔来到农场，

这里需要一名**看守员**。

这回，小熊贝尔被黄熊农场主看中，
他终于有事做啦！

黄熊农场主说，
每个月可以给贝尔 10 罐蜂蜜。

第一天，贝尔见农场没有异常，**呼呼大睡**。

第二天，贝尔见农场没有异常，**呼呼大睡**。

第三天，贝尔想：看守农场很简单啊，

不就是睡觉嘛！于是又**呼呼大睡**。

藏在洞里的小老鼠可乐坏了！

新来的看守员**太懒**了！

小老鼠全体出动，

把粮食袋子啃个大洞，

把粮食搬到了洞里。

15

黄熊农场主很生气，
要贝尔赔偿 10 罐蜂蜜。

小熊很委屈。

没有赚到蜂蜜，怎么还要赔呢？

小熊贝尔吸取了教训，
努力巡逻，
把老鼠全部赶了出去。

就这样，从春到夏，从秋到冬，
贝尔在黄熊农场看守了**整整一年**。

贝尔回到家里，
把赚到的蜂蜜放进储藏柜里。
数一数，哇，一共有 110 罐蜂蜜。

这些蜂蜜，可以买几本书，

可以买几袋粮食，

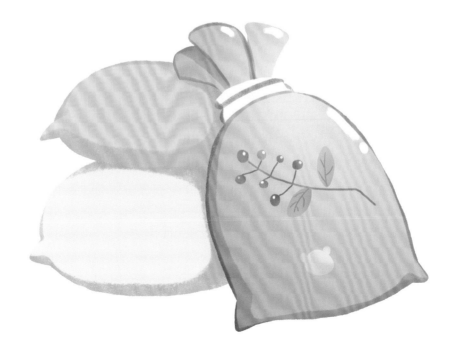

可以买几件衣服，

但，买不了一座房子。

贝尔找到黄熊农场主。

贝尔：黄熊大哥，
我可以爬树，我还会挖洞。
我想赚更多的蜂蜜，好快点儿拥有自己的房子。

黄熊农场主想了想说：
"我需要一个维修电路的员工，
如果你可以做，
每个月能够多得到 5 罐蜂蜜。"

贝尔并不懂得如何维修电路，

但他可以学习。

从此以后，贝尔只要有时间，

就学习知识。

这天，农场里自动喷水器的电路坏了，
大家都很着急。
"我来试试吧！"
小熊贝尔很有信心地说。

贝尔断开电源，
拆开喷水器，
检测电路，
终于在一条电线上发现了裂痕。

贝尔修好了自动喷水器，

黄熊农场主很开心。

后来，他又修好过很多东西，

电灯、收割机、电视机……

从那个月起，每个月他可以得到 15 罐蜂蜜。

几年后，贝尔拥有了自己的房子，
贝尔的爸爸、妈妈都为他感到高兴，
但贝尔并没有**骄傲**。

他学习开车，
学做蜂蜜蛋糕，
研制蜂蜜香水……
他的**本领**越来越大，
他**赚钱**越来越多。

贝尔学会了**赚钱**，你学会了吗？

这个小故事告诉小朋友：

为什么要赚钱？

我们的生活处处需要钱，钱能够购买生活必需品，钱能够帮助我们实现自己的多数理想。

怎样才能赚到钱？

尽管每个人赚钱的方式不尽相同，但本质都是劳动。劳动能够创造财富，能够赚到钱。一个人拥有的知识和技能越多，能赚到的钱也越多。

如何看待赚钱？

不劳而获要不得，懒惰成性要不得。要靠自己的本领赚钱，做事踏踏实实，不能投机取巧，更不能好逸恶劳。

如何能多赚钱？

吃苦耐劳、坚持不懈、踏踏实实地学习和做事，丰富学识，强健体魄，牢牢掌握一种或几种赚钱的本领，只有这样赚到的钱才会越来越多。